EXPLORAR

Los fósiles

Por June Edelstein
Adaptado por Mónica Villa y Alejandra Gritsipis

Contenido

Ilustraciones para analizar

Explorar: Los fósiles

Palabras para analizar

el dinosaurio

excavar

el fósil

Explorar: Los fósiles

el modelo

prehistórico

los restos

Introducción

¿Qué son los **fósiles**? Lo único que quedó de los animales y las plantas que vivieron hace mucho tiempo fueron los huesos y los dientes. Después de mucho tiempo, estos huesos se convirtieron en piedra. Esa piedra que **queda** hoy de esos animales y plantas es un fósil.

▲ **Aquí ves el fósil de un dinosaurio.**

¡Es un hecho!

El fósil más grande jamás registrado de un pez se encontró en 2004. Los huesos del pez se encontraron en las canteras de arcilla que están cerca de Peterborough, Inglaterra. El fósil es de hace más de 150 millones años.

Hay muchas clases de fósiles. Algunos fósiles son de dientes y otros son de huesos. Algunos fósiles son de huellas. Otros son de conchas y plantas.

▲ Así son los fósiles de dientes y huesos.

▲ Así son los fósiles de huellas.

▲ Así son los fósiles de conchas y plantas.

¿Cómo se forman los fósiles?

A veces, los animales se mueren en el agua.

¿Sabías que...?

El petróleo se hace con los fósiles de las algas y las plantas. Por esto el petróleo se conoce como "combustible fósil".

En poco tiempo, los **restos**, los huesos y los dientes son lo único que queda. Después, la arena y el barro cubren estos huesos y dientes.

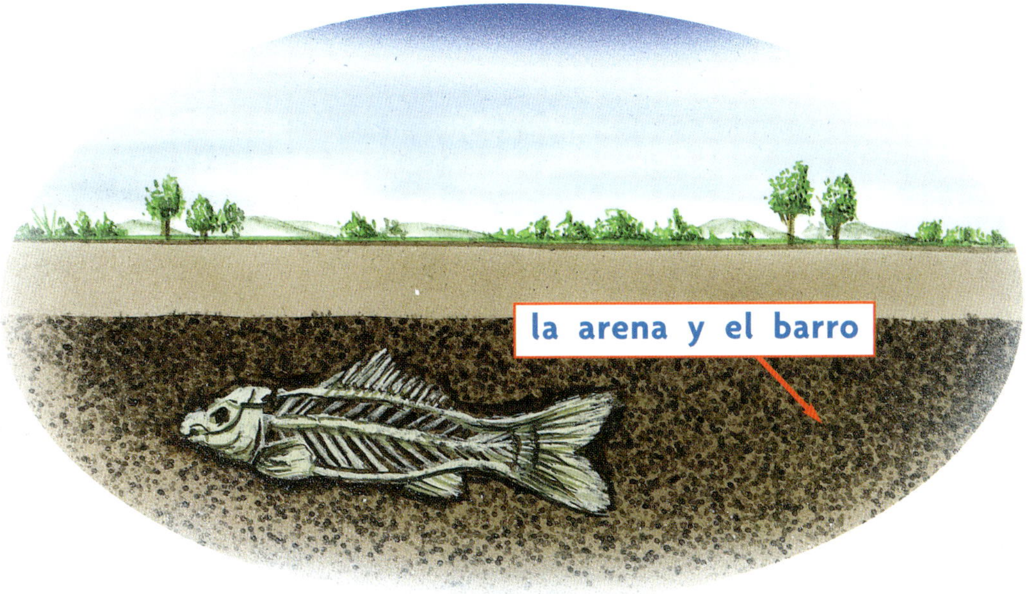

Después de mucho tiempo, el agua se seca. Los huesos se convierten en piedras. Así se forman algunos fósiles.

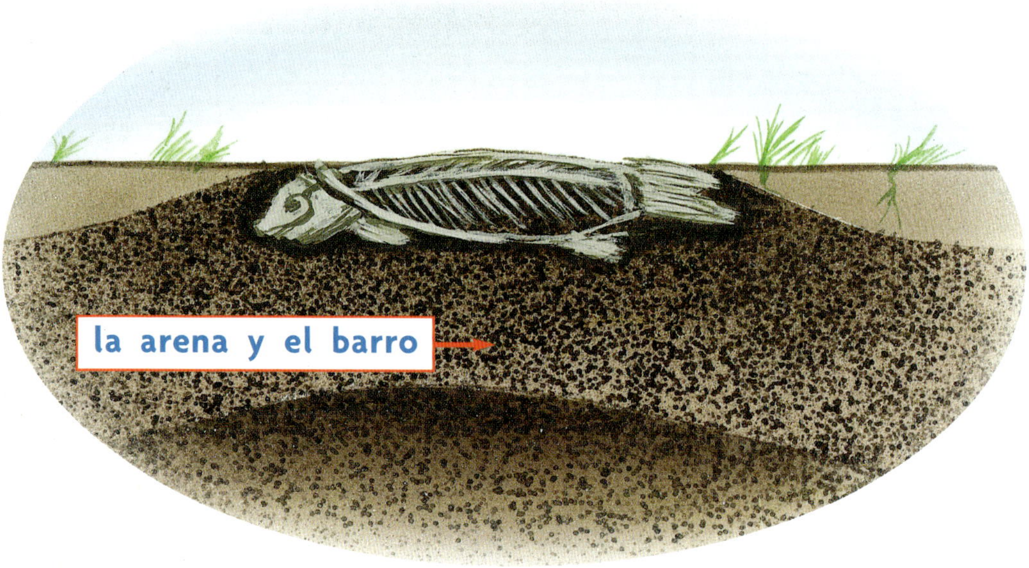

¡Es un hecho!

El fósil más grande jamás registrado de un ave se encontró en 2006. El cráneo y los huesos los encontró un estudiante de secundaria en la Patagonia, Argentina. El fósil es de hace más de 15 millones de años.

Muchas veces, los fósiles no son lo que queda de los animales y las plantas. Son las marcas que las plantas y los animales dejan en el lodo. Después el lodo se pone duro como una piedra.

▲ **Una hoja dejó una marca en esta roca.**

¿Qué nos enseñan los fósiles?

Los fósiles nos enseñan cosas del pasado. Nos enseñan cómo se veían los animales del pasado. Nos enseñan cómo vivían los animales. Nos enseñan que comían los animales.

▲ **Este es el esqueleto más grande y más completo jamás encontrado de un T. Rex. El fósil se llama Sue. El nombre es el de Sue Hendrikson, la científica que encontró sus huesos en las colinas Negras de Dakota del Sur?**

Los fósiles nos ayudan a hacer **modelos** de los animales de antes. Algunos dinosaurios eran mucho más grandes que un niño. Otros, eran mucho más grandes que un carro. ¡Otros eran más grandes que un elefante!

▲ **Este es un fósil de un pájaro de tiempos prehistóricos. Se llama "archaeopteryx." ¿Se parece a los pájaros de hoy?**

Los fósiles nos enseñan cómo vivían antes los animales. Los fósiles de huellas nos enseñan si un animal caminaba en dos patas o en cuatro. Nos enseñan si algunos animales iban en grupo o sólos.

Estos son fósiles de huellas. Los animales hicieron estas huellas cuando caminaban en el lodo. ¿Qué nos dicen estos fósiles sobre la Tierra?

Punto de revisión

Detente, piensa y comenta

¿Alguna vez has visto un fósil en un museo? A lo mejor has encontrado alguno excavando en la playa o el parque. Recuerda cómo era el fósil. Luego, cuéntale a un compañero sobre el fósil.

▲ Después de muchos años, el lodo se puso duro como una roca y así se formaron los fósiles de las huellas de los animales.

Los fósiles nos dicen cómo ha cambiado la Tierra. A veces se encuentran fósiles de conchas en la cima de la montaña. Estos fósiles nos dicen que hace muchos años la montaña estaba bajo el mar.

▲ **Ésta es la marca que dejó una concha en la roca.**

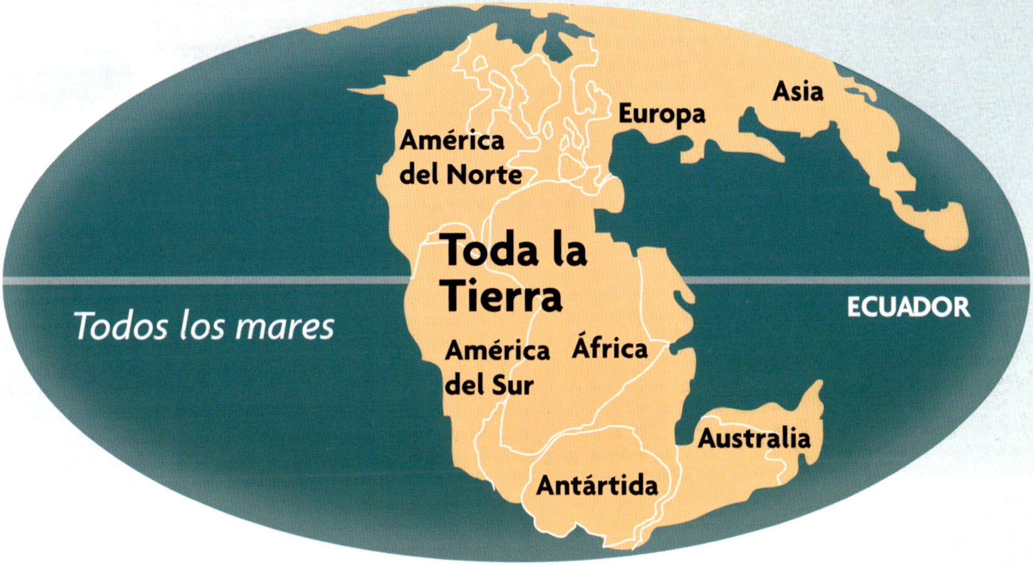

▲ Hace mucho tiempo, el mundo se veía muy diferente.

▲ ¿Qué ocurrió en la Tierra? ¿Por qué está el mar tan lejos de las montañas?

CAPÍTULO 3

¿Cómo encontramos los fósiles?

La gente encuentra los fósiles de maneras diferentes. A veces la gente busca los fósiles en la arena o en el lodo. A veces hay que abrir las rocas para encontrar los fósiles. A veces la gente encuentra fósiles por casualidad. Cuando se excava la tierra para construir un camino o una casa, es posible encontrar fósiles.

Conclusión

Hay fósiles en todas partes. Los fósiles ayudan a las personas a comprender qué tipos de plantas y animales vivieron hace mucho tiempo. Los fósiles nos dicen dónde vivían las plantas y los animales. Los fósiles nos dicen cómo vivían. Los fósiles nos dicen cómo ha cambiado nuestra Tierra.

Glosario

archaeopteryx un pájaro prehistórico

dinosaurio un reptil que vivió hace muchos años

excavar remover la tierra para encontrar fósiles

fósiles lo que queda de animales y plantas que vivieron hace muchos años

modelos cosas que son casi iguales a lo real

prehistórico que pertenece a un tiempo muy lejano

restos la materia que queda de un ser vivo

Índice